U0298556

花草巡礼·世界园艺名师书系

盆景师平尾成志的独特世界

[日] 平尾成志 著
袁光 徐颖 译

机械工业出版社
CHINA MACHINE PRESS

目 录

CONTENTS

在观众面前进行的盆景制作表演。用全新的创作方法和表演形式把日本传统文化中的盆景艺术升华为震撼人心的作品。（2017.9.9 于新宿高岛屋 2 楼 JR 口特设会场）

Bonsai Performance

盆景制作表演

表演前，挥舞金剪刀祈祷演出顺利。喧嚣的会场逐渐安静下来。

向事先摆放在舞台中的盆景专用花盆中填入适量的土、种植草木。植物的栽种位置是由临场效果来决定的。

抱起盆中的植物，掸落根部的泥土。麻利的动作吸引着观众们的目光。

DJ 播放的音乐、观众们的呼吸、拂过的风等现场所有的变化都会刺激盆景师的感知，让他集中精神、有条不紊地进行表演。

眨眼间完成的作品的细节依然尽善尽美，它体现了盆景师对植物寄予的深情厚谊。这是只属于盆景师的自豪与骄傲。

现场的高潮部分。在最上方种上一棵巨大的日本五叶松。平衡感极佳的作品就这样征服了观众们的心。一直紧张地关注着舞台上一举一动的观众们起立欢呼，向盆景师报以热烈的掌声。

在表演现场刚刚问世的作品。它既
又威风凛凛，其细枝末节体现着盆
高超精湛的技艺。无论从哪个角度
，都能看到作品饱满的精神、深邃
涵以及丰富的情感。

Part Ⅰ Hirao's Works

作品赏析（2017.8 — 2017.11）

No. 1

2017.11.22

涩谷特伦克（TRUNK） 东京的最前卫地带 × 日本料理 × 日本酒 × 日本文化、东京 TV

图为形态如飞龙在天般的盆景作品。如巨龙飞腾般的日本五叶松让作品保持着完美的平衡。勾玉花盆[㊀]周边种植的艳丽植物与刚健的日本五叶松形成了鲜明而美丽的对比。

㊀ 勾玉又称曲玉，呈逗号状，有首尾之分，首端宽而圆，有一钻孔，可系绳，尾端则尖而细。勾玉花盆即形状如同勾玉的花盆。——译者注

日本五叶松背后的植物是风姿优雅、与世无争的马醉木。

图中为萌发着盎然生机的苔藓。

图中为悬崖（这是盆景中一种典型的树干和树梢下垂的树形）日本五叶松。树干下垂，树枝顶住压力追随阳光奋发而生。本作品体现了在恶劣的自然环境下植物顽强的生命力。

日本五叶松瀑布般飞流直下的枝条造型令人叹为观止。

勾玉花盆中绿色的叶片和红色的
果实跃然眼帘。

错杂丛生的树根让作品整体
保持着平衡感。

表演当天，盆景师穿过观众席，
拿取装点会场窗口的日本五叶松
盆栽的举动格外精彩。

No.2

2017.10.21

大宫公园　埼玉侘寂（WABI SABI）大庆典 2017

这组作品的主题是勇攀高峰。在险峻的旅途中，人们在邂逅生机勃勃的植物后，就能恢复体力调整心情。山顶的三棵日本五叶松十分传神地表现着植物强大的生命力。

顶部的三棵日本五叶松如华盖一样守护着山顶，仿若山神般地保佑一方平安。

中间的赤松在经历过风霜雨雪的洗礼后，拥有了现在的造型，体现着大自然的威仪。

三只花盆如常年风化的岩石一样。仔细一看，又恰如天地间的一道道夹缝。

上图中为匍枝白珠结生的艳丽红果是作品的亮点。像根须一样细长的络石的淡粉色叶片十分引人注目。

这是盆景师在台风肆虐的天气中，在短短的 20 分钟内创作出来的作品。作品的气势如从山道上俯冲下来一样，迅猛震撼。

*No.*3

2017.10.11

冈山天满屋　Design meets O.

盆景中的植物看似浑然天成。左上方的穗序蜡瓣花（*Corylopsis spicata*）积极向上地生长着，右侧的日本五叶松纵身下跳，一上一下的动态美构成了左右相互制衡、生机勃勃的佳作。

针叶茂密的日本五叶松。松树的树冠缓缓地大幅度向下倾斜。

凝结着朝露的松针。沐浴着朝阳温暖的光芒，日本五叶松迎来了新的一天。

与日本五叶松相悖生长的穗序蜡瓣花
让作品整体保持着玄妙的平衡。

藏身日本五叶松和穗序蜡瓣花之间的樱桃苹果（*Malus cerasifera*）告知秋实成熟的时期已至。

从正面看寻常无奇、似旷野般开阔的各种树木。粗犷的作品中另有一番细腻的风韵。

日本五叶松舒展的枝干像捕猎中的野兽一样狂野。

作品中用到的花盆和植物都是作者从日本埼玉县的盆景园用车载至表演现场的。运输路程虽然很长，但器具却完好无损地抵达了目的地。最上方的日本五叶松是作品的主角，它是盆景师凭着不知疲倦的挑战精神创作出来的匠心之作。

No.4

2017.9.9

新宿高岛屋　日本（NIPPON）物语特别策划

最上方巨大的日本五叶松向左倾斜，以摇摇欲坠的姿势站稳脚跟。松树的造型虽然很是怪异另类，但人们之所以觉得它根基稳牢，是因为作品整体呈现出了浑然天成与行云流水之感。

亚洲络石“初雪”、大囊岩蕨、朝鲜紫珠等各类草木紧紧地缠绕着花盆，挺拔地向上生长着。

后排的野漆树制造出了立体效果。它的空间延展度使其魅力倍增。

以极致的造型不断生长的日本五叶松。它下垂的样子像是在俯瞰众生。

三只花台分庭抗礼又连横一体地并立在一起。每只花台都有独立的个性，这让作品看上去像无人涉足的古迹一般。

生有红叶的花叶地锦，在野兽般狂野的花盆里野蛮生长。

这是盆景师按照“打造尽可能大的作品”的想法创作出的艺术作品。虽然越大的盆景越缺乏稳定性，但此作品的重心却保持着极佳的平衡。本作品是在夏末制作的，忽然吹过的凉风成了作品在温度骤降的环境下被创作出来的动因。

No.5

2017.9.6，9.13（节目播出日）

朝日电视台《白色美术馆》　盆景师·平尾成志

树冠向天空伸展，树根向地下平缓蔓延。树木的造型仿佛一个伸开双臂去拥抱什么东西的人一样。这样的造型带给观赏者的是女性包容一切的温柔感。树上结生的红色果实给作品整体增添了亮点。

中间的花台生有长势旺盛的野漆树和花叶地锦。明快的红色与娇艳的粉红色呈现出勃勃生机。

上方微微下垂的日本五叶松给人安适平和之感。它就像在寻找能让它落脚的一席之地，让人感到十分安心。

下方的植物向上生长，中间的植物向下悬垂。作品表现的是自由奔放的情怀。它告知人们植物是不知人间愁苦的无忧无虑的精灵。

竹节一样的花台很像人的脊柱。

形如静坐之姿的日本五叶松。
它也许是在安静地凝视时光
的流逝吧。

盆景师天马行空地在没有观众的纯白色房间中进行着不同以往的表演，创作着最能体现植物自身魅力的作品。素材的摆放设计与细节处理都能表现出盆景师的经验、技巧与成熟的风格。

用轴确定作品的造型，累加花台，选择要栽种的植物，把作品修整得更加美观——制作表演中使用的花台骨架时，既需要精心的准备，也需要瞬间的灵感。

Process

制作过程

1 选择花台

首先要挑选能做基座用的花台。要根据头脑中的构想图和个体花台的承受力进行选择。另外，观赏角度不同，盆景给人的印象也不同。挑选花台时应考虑到各种可能性。

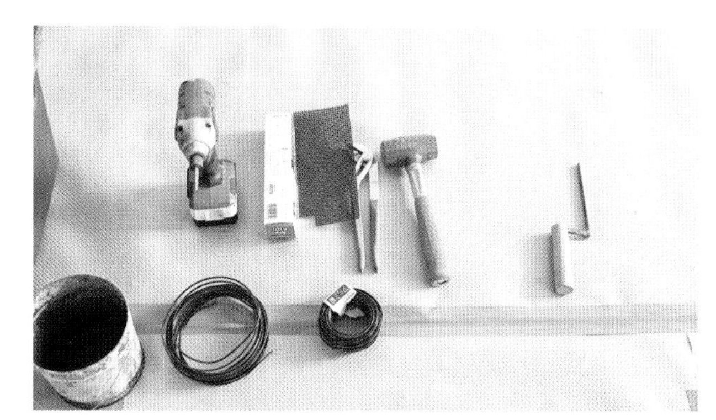

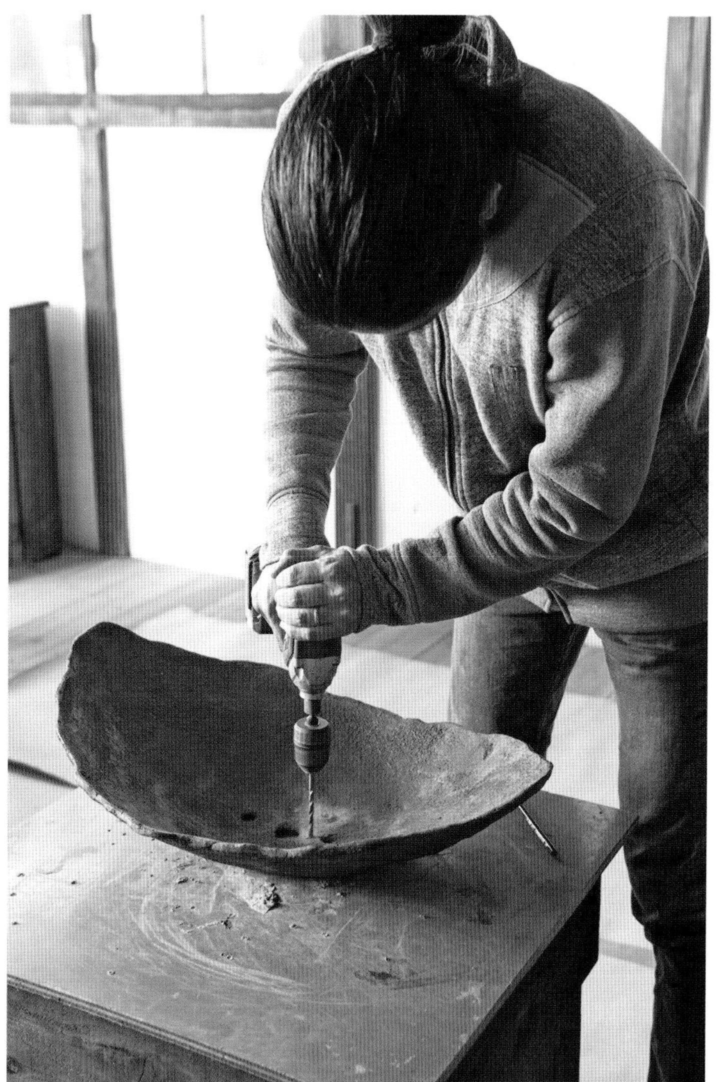

2 制作中轴

用手摇钻给做底座用的花台打孔。用铁丝和水泥固定金属棒。金属棒经弯折后即可做轴。制作中轴时既要有力气，也不能用蛮力。要根据作品的最终效果巧妙而小心地弯折金属棒。

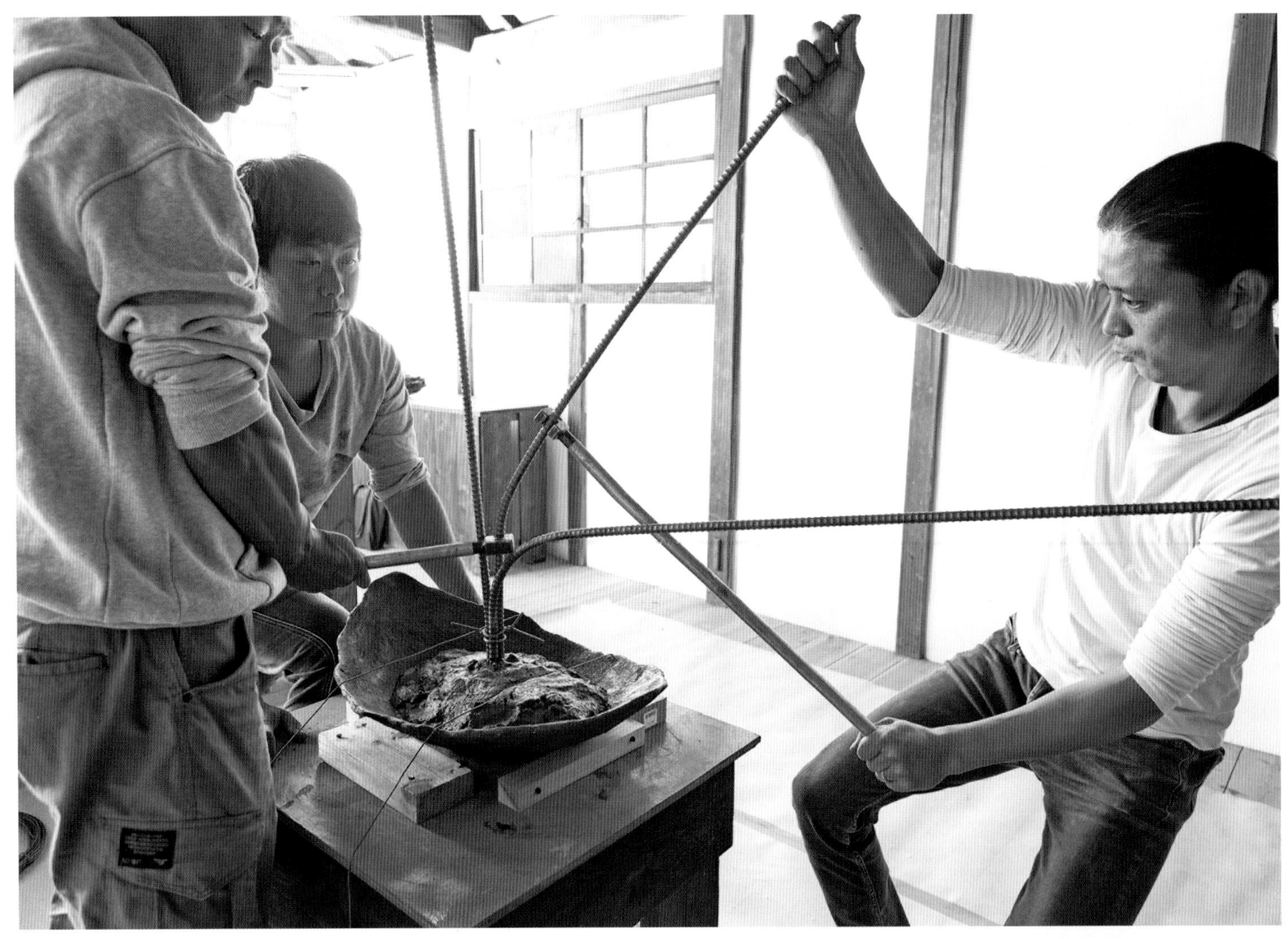

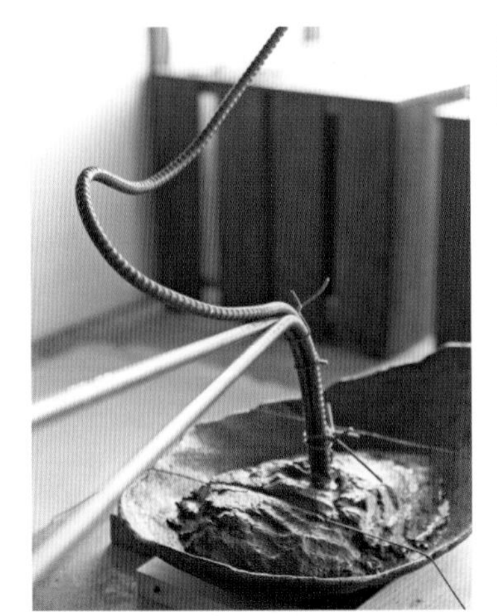

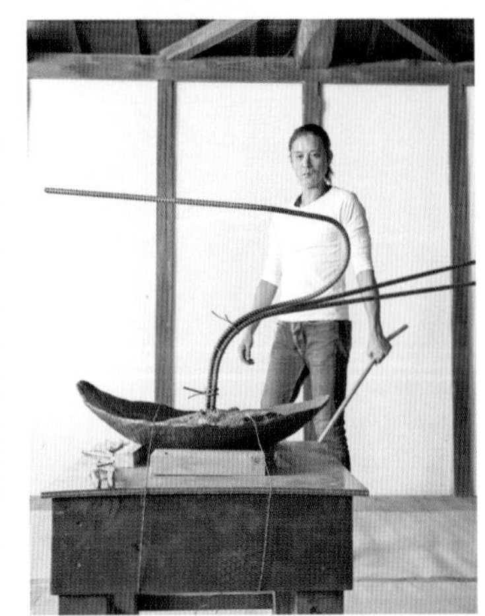

3 设计造型

盆景中的“树形”是指草木的生长方向和形态，它也是盆景的主要观赏点。制作盆景时要以树形为依据弯折金属棒。如果想制作两三股向各个方向延展的造型，就要把几根金属棒捆在一起做轴，以其为主干，再把分枝向不同方向拉伸扩展。

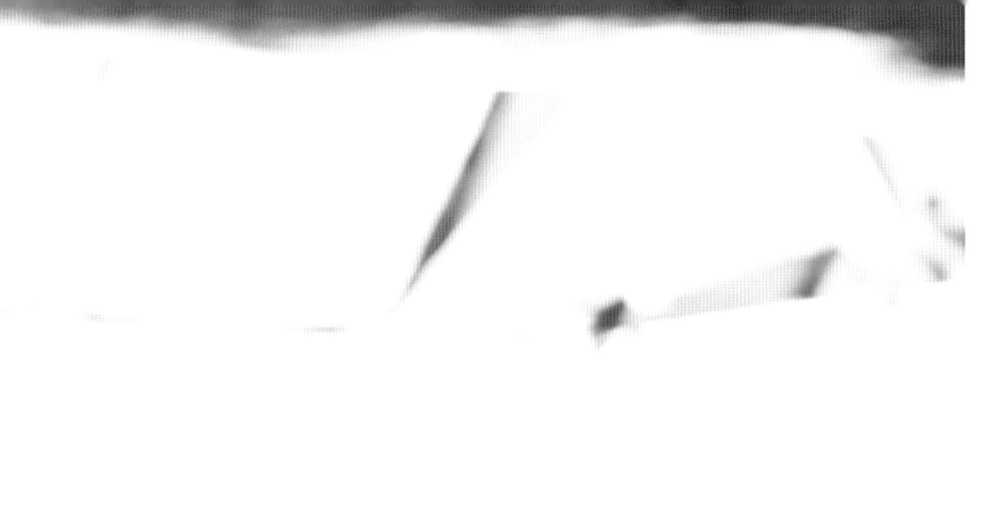

4 累加花台

设计好造型后，把金属棒穿过各个花台底座的孔，确定花台位置，用铁丝和水泥将花台固定在中轴上。各花台的间距不要过远，要将其紧密地串联在一起。在花台里填入水生植物堆积泥炭化熟腐的黏性土。表演时要把植物种在这些土里。栽种后，还要计算能够让植物充分生长的用土量，填入足够的土。

5 完善骨架

固定完花台后，盆景的框架就确定了。如图所示，可以在种植主树的花台里加入石头，从而增强不稳定的视觉效果。底座大多体积巨大，要检查作品是否稳固，中轴是否平衡。也有不少作品在刻意地展现不稳定性。可以在种植植物的阶段，以平衡整体为目的，调整骨架效果。

6 选择植物

植物的选择因季节而异。果丰叶红的秋季可以选择色彩丰富的植物。冬季，果实和叶片早已凋落，此时色彩层次感欠佳的植物居多，可选择耐寒且生命力旺盛的植物做素材。另外，冬季栽种的植物必须生命力顽强。

7 捆绑铁丝

表演中最后加上的主树（日本五叶松）多是事先用铁丝捆住了树干。铁丝不仅有美化造型、固定植物的作用，还能控制枝条的生长方向。表演时要根据最终形态决定盆景的角度和方向。可以用铁丝设置角度，调整枝条。

以下是盆景师从海外荣归故里的 2015 年以后制作的盆景表演作品。这些作品展现了盆景的花台越来越大、主题越来越深奥、挑战精神越来越强烈的变化过程。

Part Ⅱ Hirao's Works

作品赏析（2015.4—2017.6）

No.6

2015.4.2

伊势丹沙龙（ISETAN SALONE，东京中城）

在鞍马石上垒上揖斐石，在石材上种植成片的偃柏（*Juniperus chinensis* var. *sargentii*）小森林。丰美的柏叶自然引人注目，可漫不经心地生长在一旁的枫树和蕨类植物却更能打动人心。本作品虽然意在表现大自然的严峻感，但同时也能让人感知到人间有情，春意融融。

在做庭石用的揖斐石的峭壁上栽种偃柏。源自自然风景的盆景作品体现着世外桃源的缥缈之美。

这是在东京中城伊势丹沙龙的公开欢迎会上完成的作品，是日本国内首例盆景制作表演的杰作。做基座的鞍马石，石头上生长的植物，各种精挑细选的素材充分体现了盆景师的一番匠心。

No.7

2016.8.12

女木岛　濑户内国际艺术节 2016 / BON 祭（夏季）

垒积起来的基座如立柱一般高高耸立，植物微妙地向左倾斜着。作品虽然看上去不很稳牢，但又像一个七分正三分邪的磊落之人，杂糅在一起感觉会让人们在欣赏时倍感新奇。

这是用垒砌基座的方法制作的第一个作品，是盆景师向“更大更强”的盆景造型发起挑战的产物。表演时，盆景师在与和太鼓队“切腹披头士”的合作中，创造出了前所未有的神奇瞬间和传神佳作。本作品虽然是盆景师的首次尝试，呈现的视觉效果却并不拘谨青涩，反而充分展现了盆景师从容不迫的高超技艺。

No.8

2016.9.20

格兰山比亚八户　Design meets O.

耸立在揖斐石最上方的是偃柏。立柱花台的腰部过细，看似无力支撑巨大的顶部，但下方的日本木瓜却在这缺乏稳定性的造型中展现了旺盛的生命力。

这是纤细清爽的朝雾草（*Artemisia schmidtiana*）。它茂盛地生长在立柱上方，有着时刻会垂落下来的动态美。

这是生长多年的树干。其独特的曲折造型是树木对抗重力追求阳光的结果。在精心的设计下，作品美艳得不可方物。

最上方的是揖斐石。石材整体虽然很是刚健雄浑，但纹理却细腻清晰，堪称粗中有细。

这是用和 No.7（P72）同样的垒砌基座手法创作出来的作品。它的造型看起来不很稳定，有摇摇欲坠之感。立柱越往上越大，中部的柱身则越来越细，这样的构造暗含着引导观赏者意识的技巧。

No.9

2016.10.22

六本目新城　六本目艺术之夜 2016

石柱在徐徐上升的过程中表现出的是纵横间无尽的动态感。与之相反，最上方的赤松却是一副一泄如注的姿态。作品看上去像个生命体，可观赏者也无从猜测它的表情到底是欢呼雀跃，还是愁眉苦脸。

遒劲苍老的赤松枝干给作品赋予了一种古拙之美。它就像很早以前就一直生长在花台上一样，平心静气地做着舒缓的呼吸。

从右向左弯曲的石柱是用两根金属棒连接在一起的。弯曲加工的过程中，金属棒也曾折断过。这样做是为了让金属棒做最大程度的弯曲，以求造型的美观。

在表演栽种最上方的赤松时，盆景师站到了作业台上，这个举动让全场观众都沸腾了。此后的表演每到高潮时，盆景师都会站到作业台上进行操作。

No. 10

2016.11.3

女木岛　濑户内国际艺术节 2016 / BON 祭 尾声

种植在揖斐石上的是忍冬（*Lonicera morrowii*）、香桃木和南天竹等杂木。由于这些植物的花期和结实期不同，所以作品全年都能展现出多彩的变化。小巧的盆景作品一样能让人体会到时光荏苒、岁月如歌。

与厚重的揖斐石形成鲜明对比的是枝条在舒张时展现出灵动感的纤柔植物群落。新落下来的种子一旦扎根，随着根系生长，根须就会把水分带到石头上。这水分正如生长在恶劣环境中的植物恰逢甘雨般的珍贵可喜。

树石一体表现山岩景观的是“石材类盆景”。在日本女木岛岛民与热爱艺术的观众们的瞩目下，盆景师匠心独运地种下了各类杂木。

No. 11

2017.4.12（播放日）

NHK 经济台《家政经济学》 举世瞩目！盆景（BONSAI）经济学

作品主题为“给盆景界的建议”。作品最上方表现的是自古以来“用创意决胜负”的盆景界传统，下方又种植了各种纷繁的草木，这是为了歌颂前辈们在艺术创作道路上为盆景事业的发展做出的贡献。

上方相对而立的是赤松和小紫茎（*Stewartia monadelpha*），它们表现出了强大的生命力。

络石萌生出的新芽让人觉得似乎伸手就能触摸到它的体温。

“我想制作极具表达性的作品”，在这种想法下，这件震撼盆景界的新作品就诞生了。为了让最上方的草木能够自由奔放地生长，作品的重心被处理为向左侧倾斜。这是在NHK经济台《家政经济学》栏目中制作的盆景佳作。

No. 12

2017.2.24

增上寺　“联通世界的盆景（BONSAI meets the World）”广电传媒纪念、东京 TV

最上方的沉木给观赏者带来了极大的视觉冲击。与沉木相缠的是偃柏。白骨森森般的沉木与绿意融融的偃柏表现的是生与死的巨大反差。细瘦的石柱支撑着上方的重量，以一己之力保持着整体的平衡。

一般来说，沉木多在盆景中起固定作用。它和偃柏相配时表现出了令人震撼的生命力。这是以“不稳定”为主题、与 No.11（P88）相类似的上大下小结构的力作。

No. 13

2017.4.29

大宫 ARCHE（1 楼入口处） 第 8 届世界盆景大会（埼玉县）

从基座上伸展出了 3 条分枝。盆景师用这种手法把盆景中的树形做了三合一处理。极尽可能向左延伸的石柱和同向生长、形态各异的三棵赤松的特点都十分鲜明，令人过目不忘。

似被疾风吹起的赤松引导着
作品整体的走向和氛围。

堆垒在一起的小花台像飘浮在空中
的岛屿一般，带人通向另一个世界。

这是在四年一度的盆景大会上制作的作品。举办方要求盆景师在舞台上制作前所未有的大型作品。柱子的轴最初都是用软铁制作的，且被极度弯折造型。此后，呈奋发进取姿态的盆景也被越做越大。

No. 14

2017.4.29

交流会　第 8 届世界盆景大会（埼玉县）

这件作品简直像个“异形”怪物，从上方垂下来的山楂树却又美得动人心魄。中轴石柱有着微妙的曲线，颇具人体肌肉和关节般的质感。

仿佛从油纸伞上垂落下来
的水滴一样的野茉莉果实。

从“大悬崖”上垂下来的山楂树。很少有人用山楂树等杂木做盆景主角。最上方的不是普通的花台，而是勾玉花盆。本作品突破了盆景界的传统，是富有挑战精神的大胆之作。

No. 15

2017.4.30

大宫银座大街商业街　第 8 届世界盆景大会（埼玉县）/ 日本日（THE JAPAN DAY）

竖直堆累的勾玉花盆好像动物的嘴。从嘴里吐出来的黑松好像大声说话时的舌头一样充满趣味。作品虽然造型怪异，但表现出来的幽默感却让人看了心里暖暖的。

厚重的勾玉马鞍石平衡了被称为“男松”的黑松带来的压迫感。

通常盆景作品中只有一只勾玉花盆。花盆的开口处用来盛土、种植草木。这样造型是为了通过大胆地堆砌勾玉花盆，打破人们对盆景的刻板印象。盆景师在敲击着和太鼓的演出现场，完成了这件气势上不输鼓声的艺术作品。

No. 16

2017.4.30

武藏一宫大宫冰川神社　第 8 届世界盆景大会（埼玉县）/ 冰川盆景马尔什（Marche）2017

石柱的线条妖娆曲折，这是一件形似人物又似飞鸟的作品。上方的勾玉花盆里种植着赤松，它表现的是不稳定感和人的生命力。每个观赏者对同一件作品都有各自的解读。

从最上方蜿蜒而下、树形
妖娆玲珑的赤松。

“水神”的化身，造型如蛇一样位于顶端勾玉花盆中的赤松。

图中为栽种在石柱中部的络石。络石粉红色的叶片鲜艳美丽，搭配得十分得当。

石柱的线条很有特点。为了突显妖艳感，盆景师特意弯曲石柱制作了骨架。赤松的种植角度也十分引人注目。作品表现了某种不安感和人的生命力。

No.17

2017.5.3

惠比寿花园广场　惠比寿城市花园节（Ebisu Urban Garden Festival）

3根石柱从基座出发向不同的方向伸展，又被上方的花盆联结在了一起。花盆上的偃柏耸然而立，再现了天地有序的世界观。

通过添加白骨般的沉木，
表现了自然界中生死循
环的关系。

3 根柱子先分后合的制作
方法是盆景师匠心独运的
挑战精神的体现。

No.18

2017.5.24

大阪高岛屋　盆景（BONSAI）节

图中作品表现的是向下倾斜的悬崖。悬崖上丰盛的草木拥有着震撼人心的生命力。顶端的偃柏给人一种高雅脱俗的印象，像一个盘腿而坐的人。

这是栽种的植物最多的作品。植物会跟随季节变化而开花结果，花果可以点缀作品，告知观赏者四季的变化。

这是以“重拾初心”为主题设计的作品。2根制作柱子的软铁一根下弯，一根上提，保持了整体的平衡感。在表演前要找到刚好适合做基座的好木材，做好准备工作。

No. 19

2017.5.25

大阪高岛屋　盆景（BONSAI）节

3 根柱子大幅度地向左倾斜。为了突出作品的不稳定感，盆景师把 3 根柱子最终在左上方连接在了一起。结点上种植着一棵威风凛凛的赤松，它给柱子增添了动感，提高了作品的整体性。

不同于作品整体刚健有力的风格，赤松美丽的枝条让作品看起来柔和了不少。

为突显立体感而栽种的老叶的小叶栒子。

种植在下方的槭叶草
靓丽润泽。

本作品是 No.17（P112）的升级版。3 根柱子横向大幅度弯曲，突显了作品的造型。柱子极尽可能地弯曲，但基座并没有加大，这让作品看上去很不稳定、危如累卵。

No.20

2017.6.2

东京安达仕（Andaz Tokyo）酒店

文化就是在曲折中不断前进，并渐渐开花结果的。为了反映这种理念，盆景师把柱子的轴拉抻至3个方向，让作品看上去像人的手掌。

覆盖石柱的苔藓显现了积年累月的时间流逝感。

3 根柱子呈螺旋状缠绕在一起。本地人与外地人在交流共存的过程中生成了新文化，这是东京安达仕的理念。在这种理念的影响下，盆景师做出了大胆的设计尝试。

做盆景表演的心路历程、立志成为盆景师的修行期、在海外做文化交流活动、成为自成一格的盆景师……放眼未来的同时回忆一位盆景师的过去，感受当下。

Interview

人物专访：平尾成志

以表演为业的另类盆景师

我的盆景作品是很另类的。毕竟，在观众面前配着乐队、DJ 音乐制作盆景的行为确实是前所未有的尝试。而且，这是在短时间内的即兴发挥，作品风格也会受到会场气氛的影响。

观众当然也能欣赏音乐，音乐也会因会场位置不同而产生不一样的效果。露天场地的晴雨风向都会影响我对作品的处理与加工。

花台的骨架和主树都是提前准备好的。但草木和苔藓的造型设计却是根据会场情况决定的。

我的作品就像前文介绍的那样，它的基座和一般的盆景花盆很不一样。我可以在花台上摆上几只花盆，这会让作品看起来非常特别。这样的花台能让我在最高处栽种大树，创作出极为不稳定的盆景作品，树枝也可以向不可思议的方向延展，看得人提心吊胆、惊心动魄。

我的表演不是哑剧，我也在表演中设计了起承转合的作业节点。这样做不仅能让观众看到作品的最终姿态，也能乐在其中地享受整个创作过程。这就是我的盆景表演的独到之处。

看淡同行的批评放眼盆景的未来

不少专家都说我的作品“不叫盆景”，至今依然有不少老派人士在批评我。我经常上电视，看上去很爱出风头，所以风评不好。

有些盆景界老前辈看我在国外的活动中戴着耳机做盆景，就怒批我“哗众取宠”。其实我也是迫于无奈才那样做的。当时的现场环境很嘈杂，我不能集中精神搞创作，所以才戴起了耳机。

的确，前辈和专业人士们在盆景制作方面确实做得比我好，知识和经验也比我丰富。但我的专长就是给观众展示盆景的制作技术和手法。

不过，我这样做也不是因为心血来潮。我在和时尚界、音乐界等外界人士交流时，在去国外推广日本盆景时，深深地感觉到了盆景只是个小众艺术。为了让更多的人了解盆景，我才在深思熟虑之后做出了以表演的形式做推广的决定。

为了让盆景得到人们的认可，我仍然认为表演是最佳的推广方式。我并没有哗众取宠。

继承日本传统文化把师门发扬光大

我当然很喜欢盆景，不然也不会干这一行。

我出生在日本德岛县三好市池田町一户被群山环绕的农户家。我家是做木材生意的，所以我就是在草木丰茂的环境中长大的。

上中学时，我很想成为一名“园艺师”。在看过一个名叫《园艺选手权》的节目后，我跟妈妈说“能当园艺师可真好”。于是，我就对打造庭园、巧妙地运用花草树木产生了兴趣。

但那时我还擅长长跑。所以我在上高中和大学时，都参加过田径俱乐部的长跑活动。

大学期间，我彻底忘记了曾经的理想。一次，我和家人去了京都的东福寺。当我走进寺里的园林时，我感到全身心都被净化了，浮躁的情绪也随之烟消云散。我

去的是有国宝级名胜庭园之称的方丈庭园（现在改名叫本坊庭园），它是重森三玲大师在昭和初期打造的心血力作。几十年前的作品为什么直到今天依然有感染人心的力量呢？在思考这个问题的同时，我产生了传承日本传统文化的想法。

此时的我也正在为毕业后的人生而迷茫着。我不想再搞体育了，也有过做一名美发师的打算。但东福寺一行让我朝花夕拾地重续了儿时旧梦。

与师父宿命般的相遇 决定了我的盆景之路

大学毕业前，父亲托朋友给我联系到了一位有名的盆景大师，但他却让我放弃了梦想。正当我走投无路时，在一次偶然的盆景展会上，我被馆内的盆景作品吸引住了。我似乎在薄薄的花盆上看到了它承载着的小宇宙。它仿佛是养育我的故乡——德岛里山的风景。

我有感而发地说着“太有意思了”，便被它的魅力彻底折服了。

馆长见我痴迷，就问我：“你喜欢盆景吗？想做一名盆景师吗？”我立即不假思索地点头承认了。这句问话成了 2002 年我向盆景师转型的起始点。

馆长给我介绍了埼玉县大宫盆景村的“蔓青园”。我在那里见到了园子的第三代掌门人——现已仙逝的加藤三郎，我的恩师。

三郎师父是现代盆景界的奠基人。

他在日本盆景协会做了 20 多年的理事，致力于盆景的推广与发扬。他的作品非常精彩，他本人也被称为“盆景之神”。

我去面试时，他对我说：“今后盆景必须走向世界。”那时的他已经是 85 岁高龄的老人了。“世界”一词让我感到十分震惊。我觉得师父是能让我看到世界的人，于是我就决定投师在他的门下。

馆长给我介绍蔓青园只是个偶然。但现在看来，那也许是我的命中注定。

不惧未来 潜心学艺

大学毕业后，我虽然很荣幸地成了三郎师父的弟子，但接管蔓青园的却是第四代、第五代掌门人。投师后，我觉得园子里的氛围意外的自由，并不像我想象中那么严苛，可见自己当初对“学徒待遇”的担心是多余的。

但我最介意的还是盆景界的落后体制。做工精美的盆景自然可以买卖。可卖不出去时就要拿去市场向客人们低头弯腰。而对方即便不喜欢，也得碍于情面把它买下来。大量的好作品被不识货的人当成“盆景师赚钱的营生”来看，这让我倍感寒心。

我决定在盆景园学艺 5 年。第 1 年，我努力地学习入门知识。第 2 年，我便感受到了强烈的危机感——毕业后我真能用盆景来养家糊口吗？

当时，园子里除了我，还有四名师兄弟。他们都是各个盆景园的继承人，是来镀金刷经验的。将来他们可以各回各家继承家业，他们有房有地。可我要是回去的话，就会一无所有。

我觉得必须做点什么才行。于是，我拼命地努力着。我如饥似渴地学习知识，一马当先地投身于现场工作。即便师兄们刁难苛责我，我也会隐忍不发，不为所动地为盆景园而奋斗。我相信只要这样努力下去的话，早晚有一天我会被委以重任的。

我也很认真地研究着盆景。比如，树木的状态、生命力顽强程度、浇水的时机、天气状况。我每天都在考虑这些问题，平时的用心让我从第 3 年起明白了仅用浇水的方法就能给盆景带来很大改观的秘密。

此外，在观看老作品时，我还能看出盆景师的制作工序。我觉得这些门道非常有趣。总之，创作盆景最重要的就是“记忆力”和“观察力”，剩下的才是反复练习。比如，修整盆景时的修剪、摘芽、捆铁丝。我在工作结束后，总是一个人反复地练习着。

以关门弟子的身份
服侍盆景之神

三郎师父常年担任日本盆景协会的理事。但我拜他为师时，他已经辞职了，他是后来才让我去经管蔓青园的。

不过，师父对于盆景的热情并没有减弱。他仍满怀激情地致力于盆景创作。在制作大型作品时，他会思考该如何搬运素材。我以为年事已高的他已经看不清东西了，但他还是在亲手修剪素材。我问他是怎样做到的，他说是用心在盲剪。于是，我也想从中悟出些什么，就模仿他“盲剪”，结果却把自己的手指剪出了血。原来，被称为盆景之神的师父也是会戏弄人的。

我能有今天的成就，完全要归功于在师父身边学习时的耳濡目染，和师父对我的言传身教。

2006 年，三郎师父举办了“创作盆景个人作品展”。我是展会的主要负责人。那时，我已经熟知了蔓青园的一切，能够指挥徒弟们搬运、布置三郎师父的展品了。

也许是师父在冥冥中感知到了此生的任务已经完成，在我还差 2 个月就要出徒时，他便驾鹤西游了。我也因此成了他的关门弟子。

墙里开花墙外香
从展示向表演的转型

我一直铭记师父关于“盆景的未来在国外”的教导。继承师父遗志而出徒的我强烈地希望摆脱因循守旧

的日本盆景界，并计划着自立门户。2009年，属于我的机会终于来了！我听说西班牙的盆景园在招募日本的盆景师，就毛遂自荐地去马德里盆景园做了3个月的技术指导。当时，我猛学了2周多的西班牙语，之后就全凭以酒会友和肢体语言与当地人打起了交道。

西班牙的一切对我来说都是新奇有趣的。那里的盆景爱好者并不满足于观赏，他们想以我的作品为参考，亲手制作自创的盆景作品。这和日本的盆景爱好者完全不一样。这个发现让我觉得不虚此行。

此后，我还被邀请去阿根廷、意大利参加盆景活动。我就是从那时开始，在各国盆景爱好者面前展示盆景制作过程的。

我乐此不疲地投身于此类活动中。当时的盆景展示都是为部分爱好者举办的，所以受众群体还是很小。于是，我在各国友人的帮助下，在爱好者集会以外的地方，如路旁、小型演出场所（Live House）、俱乐部等地开展面向普通人的盆景展演。

在意大利米兰的小型演出场所做的一次展演成了我事业上的转折点。当时，我和当地的乐队一起做展演。起初，观众们都是过来听音乐的。我就在角落里默默地制作着我的盆景。待作品完成时，大家都围观作品，用手机拍照留念。于是，我觉得也许这也是条路子。

此后，我就在种植主树时，向观众表演制作盆景。结果，不了解盆景的人也开始对盆景感兴趣了。我相信我能做且必须做的正是盆景表演，而不是单纯的展示。

2013 年，我受文化厅所托，以文化交流使者的身份在 11 个国家进行了 4 个半月的盆景文化交流访问活动。我觉得这些国家的人都能接受我的表演形式，所以我认定自己的方向是对的。海外的实战经验让我产生了自信。

向世界展现盆景的精彩与魅力

回日本后，我在创建自己的盆景园（成胜园）时，切实地感受到了大众对于盆景表演的接纳与支持。作品的规格逐渐变大，变成了体积巨大的作品。观众如果产生“这也是盆景吗”“真厉害！怎么做到的”的想法，我就会很高兴。随着曝光率的提升，也有人称我为新锐派艺术家。可实际上我并不接受这个称号，因为我根本没有做艺术家的打算。我只是个盆景师、手艺人。

实话实说，我的工作也很辛苦。为了做表演，除了植物素材，我还要采购花盆和其他器具，弯折给盆景造型用的铁棒。这些消费成本也很高，把素材搬进会场也很辛苦。因为基座太大，所以搬运也非常费力。可这些工作都是我独自完成的。

我还必须考虑自己接下来的创作方向。有时，我也会累得走不动路。但我相信天道酬勤。为了让更多的人看到盆景的美好，我必须忍辱负重。

希望能在东京奥运会上做表演
向世界展现盆景的魅力

盆景可以丰富人的精神与心灵。作品的完成并不是盆景的终点，而是它的新生与起点。在这样的认识下，人们对盆景观赏就会多一分理解。每天在观察盆景时也会去注意它的情绪变化。

盆景不会说话，只有认真观察才能察觉到它的喜怒哀乐。你越是用心栽培它，它就越能和你心心相印。

草木有情，也会发出信号。当你和植物的波动频率协调时，盆景就能长得很好。不过，盆景和人一样，成长过程中需要管理，不可以骄纵。

几年来，随着我在日本演出的增加，我骄傲地意识到自己的作品越来越成熟、越来越有品质了。我想乘胜追击，在海外施展拳脚。

我也培养出了值得信赖的员工，国外也有愿意帮扶我的朋友。我可以只带花盆出国，用当地的植物做表演，把作品送给当地的盆景园。这样，我的作品就能遍布世界各地。

我可以一边做上述活动，一边迎接着2020年东京奥运会的到来。我认为我可以把握住在会场上做表演的好机会。我想在当天证明，盆景是符合全世界审美标准的。这就是我现在的理想。在表演前，我有个仪式要做，即举起金剪刀进行祈祷。这把剪刀是师父连任20届日本盆景协会理事的纪念品，是师父在去世前传给我的。

这把剪刀具有非凡的意义。它既是师父晚年依然能自信创作的见证，也是他对我志在四海的期待，是他认为我和其他弟子不同，对我的肯定。为了师父的在天之灵，为了关心支持过我的人们，为了来看表演的观众们，我会一直真诚地祈祷下去。

平尾成志　年谱（1981 年— 2017 年）

1981 • 出生于日本德岛县三好市池田町

1996 • 德岛县立美马商业高中（现剑高中）入学。加入了陆上竞技部

1999 • 京都产业大学经营学院入学。依然加入陆上竞技部

2000 • 随家人同游京都东福寺，被重森三玲创作的方丈庭园（现改名为本坊庭园）所感动

2003 • 京都产业大学毕业。投师埼玉县大宫盆景村盆景园“蔓青园”

2006 • 参与上野绿色俱乐部召开的师父加藤三郎的“盆景创作个人作品展”（11 月）

2008 • 加藤三郎去世，享年 92 岁（2 月）

• 蔓青园出徒，以专业管理师的身份在园中就任（3 月）

2009 • 在西班牙做盆景技术指导

2010 • 在阿根廷盆景节示范

2011 • 参加了意大利举办的“2011 日本节”

2012 • 参加了菲律宾举办的“2012 日本节”

• 在荷兰、法国以大宫盆景村代表的身份做过盆景示范

2013 • 被日本文化厅任命为文化交流使者（5 月）

• 参加了菲律宾举办的亚洲盆景大会（5 月）

• 参加了中国举办的世界盆景大会（9 月）

2014 • 访问了意大利、德国、荷兰、斯洛伐克、立陶宛、拉脱维亚等 10 个国家，并从事盆景推广活动

（图）法国巴黎（2015 年 3 月）

2015

- 在西班牙、法国、德国、意大利、捷克、荷兰、波多黎各等国从事盆景推广活动
- 参加东京电视台的《十字路口（Crossroad）》栏目（1月）
- 在伊势丹沙龙（ISETAN SALONE）的开幕式做盆景示范（4月）
- 在优兔（YouTube）活动中做盆景示范（5月）
- 在米兰世界博览会上做盆景示范（5月）
- 制作了新百伦（New Balance）“Beta People”的盆景设计 （8月）

2016

- 在大宫高岛屋做盆景示范（1月）
- 在谷歌文化研究所（Google Cultural Institute）做盆景示范（1月）
- 在濑户内国际艺术节制作濑户内工艺品。同时策划“感受盆景（feel feel BONSAI）”展（3月—11月）
- 自创盆景园“成胜园”（位于埼玉县西区）开园（5月）
- 赠予不丹王室盆景，向国王做盆景演讲（6月）
- 在马来西亚乔治城节庆（George Town Festival）上做盆景示范（10月）
- 被《日经新闻》评选为“2017开创时代的100人”（12月）

不丹（2016年6月）

2017

- 以主演身份参加了马来西亚中央电视台纪录频道的《联通世界的盆景（BONSAI meets the World）》节目（2月）
- 参加了NHK经济台《家政经济学》栏目（4月）
- 在世界盆景大会（埼玉市）做街头盆景表演（4月）
- 在大阪高岛屋做盆景表演（5月）
- 在东京安达仕做盆景表演（6月）
- 在朝日电视台《白色美术馆》节目做表演（9月）
- 在新宿高岛屋做盆景表演（9月）
- 在冈山天满屋做盆景表演（10月）
- 在涩谷特伦克（TRUNK）为内阁官房残疾人奥林匹克运动会推进事业做盆景表演（11月）

作品一览

后　记

非常感谢您的阅读。

我处女作的问世要得益于大家的帮助。书中记录了目前我对盆景最深刻的理解。

迄今为止的跨界文化交流和与各界朋友的相识才让我有了今天的成就。由于我经常积极地参加盆景之外的活动，我的人生目标也从“做自己想做的事”变成了“做只有自己能做的事”。

投师盆景园学艺时的孜孜以求，日复一日地练习渐渐进步却依然担心未来的我，全然没想到自己能有今天。

如果我只制作盆景而没有其他的人生经历，我的作品就不会如此具有感染力。

今后，我会更加珍惜出现在我生命中的每一个人，并在感悟人生的同时进行创作。我希望我的作品能拉近人与植物的距离，让更多的人获得心灵上的慰藉。我也由衷地祈祷世界和平，希望大家生活幸福。

成胜园　平尾成志

ITAN NO BONSAISHI HIRANO MASASHI NO SEKAI
© MASASHI HIRAO 2018
Originally published in Japan in 2018 by KAWADE SHOBO SHINSHA Ltd. Publishers
Chinese (Simplified Character only) translation rights arranged with
KAWADE SHOBO SHINSHA Ltd. Publishers through TOHAN CORPORATION, TOKYO.

日版工作人员
图　　片　大木启至
编辑助理　中岛泰司（u-kurafuto）
助　　理　小宫根广喜

本书由河出书房新社授权机械工业出版社在中国境内（不包括香港、澳门特别行政区及台湾地区）出版与发行。
未经许可之出口，视为违反著作权法，将受法律之制裁。

北京市版权局著作权合同登记 图字：01-2019-4232号。

图书在版编目（CIP）数据

盆景师平尾成志的独特世界 /（日）平尾成志著；袁光等译. — 北京：机械工业出版社，2020.1
（花草巡礼·世界园艺名师书系）
ISBN 978-7-111-64080-6

Ⅰ.①盆… Ⅱ.①平… ②袁… Ⅲ.①盆景－观赏园艺 Ⅳ.①S688.1

中国版本图书馆CIP数据核字（2019）第248011号

机械工业出版社（北京市百万庄大街22号　邮政编码100037）
策划编辑：马　晋　　责任编辑：马　晋
责任校对：王　延　　责任印制：李　昂
北京瑞禾彩色印刷有限公司印刷

2020年1月第1版第1次印刷
215mm × 220mm · 7印张 · 2插页 · 320千字
标准书号：ISBN 978-7-111-64080-6
定价：59.80元

电话服务	网络服务
客服电话：010－88361066	机　工　官　网：www. cmpbook. com
010－88379833	机　工　官　博：weibo. com/cmp1952
010－68326294	金　　书　　网：www. golden-book. com
封底无防伪标均为盗版	机工教育服务网：www. cmpedu. com